RÉVOLUTION AGRICOLE

CULTURE SANS ENGRAIS

D'APRÈS LE PROCÉDÉ BICKES,

Breveté en Angleterre, en Belgique et en France.

ADMINISTRATION

7 TER, RUE BERGÈRE, PRÈS LE FAUBOURG POISSONNIÈRE.

1848

RÉVOLUTION AGRICOLE.

CULTURE SANS ENGRAIS

D'APRÈS

Le Procédé de M. BICKES, Breveté.

§ Ier.

Des hommes graves cherchent depuis longtemps les moyens d'accroître la production des substances alimentaires, afin qu'elles suffisent à la consommation publique, et que le pain ne soit plus, dans quelques parties de la France, un objet de luxe pour les classes pauvres. L'accroissement rapide de la population fait désirer une solution prompte de ce grand problème d'économie politique.

Si la France est tributaire de l'étranger, pour la nourriture de ses habitants, même dans les années ordinaires, et si un capital considérable est nécessaire, dans les mauvaises années, pour rétablir l'équilibre entre la production et la consommation, c'est parce que la culture ne rend pas, *à beaucoup près, ce qu'elle devrait produire*.

D'une part, il existe dans plusieurs parties du royaume de vastes terrains que l'on considère comme tout à fait impropres à l'agriculture, et qu'on a seulement cherché à utiliser, depuis quelque temps, par des semis ou des plantations d'arbres verts.

D'autre part, les terres médiocres ne sont pas cultivées, parce que leur produit ne couvrirait pas la dépense des engrais qu'elles exigent, et que l'agriculture, comme toutes les autres industries, ne fournit son travail et ses capitaux que dans l'espoir d'un bénéfice légitime.

Le haut prix des grains s'explique ainsi d'une manière toute naturelle. Quatre éléments constituent pour le cultivateur le prix de revient : le fermage, la semence, les labours, et le fumage des terres. Ce dernier article est le plus important de tous; car, en moyenne, le fumage d'un hectare de terrain cultivé en blé coûte plus de 200 fr. (1) : et si l'on y récolte 20 hectolitres de blé, c'est une avance de 10 fr. par hectolitre, dont le cultivateur doit se rembourser sur le prix de la vente.

C'est d'ailleurs un axiome depuis longtemps consacré dans notre système d'agriculture, que pour avoir de bonnes récoltes il faut beaucoup de fumier ; de sorte que pour élever

---

(1) M. Dailly, directeur de la poste aux chevaux de Paris, agronome distingué, et qui a soumis toutes les opérations agricoles à la comptabilité la plus régulière et la plus exacte, nous donne les calculs suivants :

« Fumier de Paris, 426 fr. 92 c. l'hectare.

Fumier résultant des bestiaux de la ferme, 512 fr. 6 c.

Le fumier de ces deux origines produit pendant trois ans un effet utile; mais l'action est plus considérable la première année que la seconde, et la seconde que la troisième. »

Si l'on remarque, d'une part, que les frais de revient sont moins considérables dans une grande exploitation ; d'autre part, qu'on n'obtient guère de bonnes récoltes, la troisième année de la fumure des terres, on ne trouvera pas exagérée la somme de 200 fr., comme prix moyen de l'engrais annuel d'un hectare.

un certain nombre de bestiaux, l'on emploie à des prairies naturelles ou artificielles une partie du terrain le plus propre à la production des céréales.

Les engrais ordinaires ont même été reconnus insuffisants, et les chimistes se sont mis à l'œuvre pour trouver dans une foule de substances animales, végétales et minérales, un supplément au fumier fourni par les vaches, les moutons et les chevaux.

Obtenir de bonnes récoltes dans les plus mauvais terrains, *sans l'auxiliaire du fumage reconnu indispensable jusqu'à ce jour*;

Faire produire aux terrains de qualité ordinaire ou supérieure, des grains en quantité plus abondante que ceux qu'on avait obtenus jusqu'à ce jour, *en réduisant de 80 à 90 pour 100 la dépense de 200 fr. nécessaire pour fumer chaque hectare de terre,* c'est avoir résolu d'une manière satisfaisante ce problème d'industrie agricole : produire beaucoup plus en dépensant beaucoup moins.

Un tel résultat est extraordinaire sans doute, et par cela même il faut en vérifier l'exactitude avec soin; mais s'il est certain, il faut se hâter d'en recueillir les fruits. Qu'on le doive au hasard ou au génie, l'homme doit toujours profiter du bien qui s'offre à lui.

Ce n'est pas par des théories plus ou moins savantes, mais par de nombreuses expériences, répétées souvent, et avec un égal succès, dans plusieurs États de l'Europe, qu'on justifie l'incontestable supériorité du nouveau système de culture; si bien qu'il ne s'agit plus aujourd'hui de le soumettre à d'autres épreuves, mais de l'appliquer immédiatement.

§ II.

C'est à M. Bickes, agronome et naturaliste distingué de la Bavière rhénane, que l'humanité doit cette précieuse découverte.

Au moyen d'une préparation qu'il fait subir aux graines ou aux grains de toute nature destinés à l'ensemencement, il donne un développement extrême aux principes qui constituent la vie végétale ; de telle sorte que, sans le secours d'aucun engrais, les terres, même mauvaises, se couvrent de riches récoltes.

Bientôt nous démontrerons, d'après une masse de témoignages irrécusables et les nombreux échantillons qui sont sous nos yeux, que les produits obtenus par le procédé de M. Bickes ont une supériorité incontestable, *en quantité et en qualité*, sur ceux de la meilleure culture, d'après le système ordinaire.

Mais nous n'avons même pas besoin de faire ressortir un tel avantage, pour justifier la préférence due à la méthode nouvelle. N'eût-elle d'autre résultat que de procurer des récoltes ordinaires sur des terrains considérés jusqu'à présent comme improductifs, et d'assurer aux cultivateurs, avec une économie de 80 à 90 p. 100 (1), des moissons au moins aussi riches que celles qu'ils ont récoltées jusqu'à ce jour, ils ne devraient pas hésiter à adopter un procédé qui leur offre une économie considérable.

Le procédé de M. Bickes peut s'appliquer d'ailleurs, avec le même succès, soit aux semences confiées à la terre, soit aux plantes de diverses natures cultivées dans nos parterres ou

---

(1) Il est difficile de traduire par un chiffre rigoureusement exact l'importance de cette économie, quoique chaque cultivateur, en traitant avec M. Bickes, puisse se rendre parfaitement compte de la modique dépense par laquelle il remplacera celle du fumage des terres.

La préparation d'un hectolitre de grains de toute nature destinés à l'ensemencement (blé, seigle, orge, avoine, maïs, sarrazin) coûte 15 fr. rendu franc de port chez le propriétaire ou le cultivateur; si bien qu'en semant un hectolitre par hectare, on dépensera 15 fr. au lieu de 200.

Cette dépense sera de 22 fr. 50 c. ou 30 fr. pour les cultivateurs qui emploient aux semences un hectolitre et demi ou deux hectolitres par hectare. — Elle s'élèvera même à 35 fr. relativement à ceux qui, esclaves de vieilles routines, pensent faire de meilleures récoltes en forçant les semences, et jettent trois hectolitres de grains dans un hectare de terre.

On fait ainsi une trop large part aux déchets de toute nature ; et l'on ne

nos jardins potagers, soit aux vignes et aux bois. Dans ce dernier cas, un simple arrosement remplace la préparation à laquelle il soumet les grains avant de les semer, et développe à tel point les progrès de la végétation, que les plantes ainsi arrosées ne semblent pas appartenir à la même famille.

Deux objections graves se présentent ici ; il convient de les préciser et de les résoudre.

En premier lieu, dira-t-on peut-être, la surabondance de vitalité donnée aux diverses productions de la terre ne devient-elle pas un obstacle à leur développement régulier, et n'a-t-on pas à craindre que ce luxe de végétation ne soit l'avant-coureur d'une mort prochaine, ainsi qu'on a trop souvent l'occasion de le remarquer dans ces plantes exotiques qui, grâce à des moyens factices, produisent des fleurs ou des fruits avant la saison ordinaire ?

Si nous avions la mission d'expliquer le procédé pour lequel M. Bickes a obtenu un brevet d'invention, il serait facile de démontrer qu'un tel inconvénient ne saurait résulter de l'application de ce procédé.

Toutefois, il y a encore ici quelque chose de plus concluant qu'une démonstration scientifique : c'est l'expérience des faits et leurs résultats.

Or, M. Bickes ne s'est pas borné à présenter les plantes arrosées d'après son procédé, ou les récoltes provenant des

---

réfléchit pas qu'en accumulant un trop grand nombre de grains sur un petit espace, on nuit à leur développement.

Dans les pays où l'agriculture a fait le plus de progrès, on ne sème en général qu'un hectolitre de grains par hectare.

L'application du procédé de M. Bickes permet d'ailleurs partout une grande économie sur la semence, parce que chaque grain porte en lui-même un germe de vitalité qui se développe par de nombreuses tiges garnies d'épis vigoureux.

Un hectolitre de semence devant suffire pour un hectare de terrain, les dépenses de sa préparation seront plus que compensées, pour ceux qui étaient dans l'usage de semer deux hectolitres ou au-delà ; et l'économie du la fumage dont ils sont dispensés dans le nouveau système, leur restera ainsi tout entière.

semences par lui préparées, dans un état de végétation plus ou moins avancé, mais encore en pleine maturité. Cette maturité a eu lieu à l'époque ordinaire, dans les diverses cultures par lui dirigées ; et il a été constaté pour chacune des productions, notamment pour les céréales, qu'elles étaient de la meilleure qualité.

En second lieu, n'est-il pas à craindre, ajoutera-t-on, que le sol ne soit épuisé par la substitution d'un agent quelconque aux engrais ordinaires ?

Comment les cultivateurs les plus éclairés expliquent-ils l'épuisement de la terre ? par ce qu'on lui demande plus de sucs nourriciers qu'elle ne peut en fournir. Aussi a-t-on le soin d'imposer aux fermiers, dans la plupart des baux, d'une part, l'obligation de consommer, comme le seul auxiliaire aujourd'hui connu des forces productives du sol, tous les fumiers provenant de leur exploitation ; d'autre part, l'interdiction de changer les assolements, afin de ménager la terre, par la succession de cultures diverses.

D'après le procédé que nous annonçons, il est manifeste que la préparation donnée aux semences leur permet de n'emprunter au sol que peu ou point de principes nutritifs, puisqu'on obtient sans engrais des récoltes satisfaisantes, même sur les terrains les plus ingrats.

D'ailleurs, le fait constaté de trois récoltes consécutives de céréales faites dans un même champ, avec des graines préparées par M. Bickes, suffit pour dissiper tous les doutes que l'on pourrait concevoir sur l'épuisement du sol.

§ III.

C'est peu toutefois d'avoir indiqué d'une manière sommaire les résultats de ce nouveau système de culture, et d'avoir réfuté les principales objections dont il pourrait être susceptible ; ce qu'il importe surtout de démontrer, c'est que son application a été faite avec un succès complet, depuis plusieurs années, dans divers pays, sur des productions agricoles de tout genre, même dans les plus mauvais terrains; de telle sorte qu'il ne s'agit plus, ainsi que nous le disions tout à l'heure, d'expériences à faire, mais d'une mise à l'œuvre immédiate.

Assurément, quand une découverte précieuse, et dont l'usage doit devenir général, est offerte au public sous le patronage d'une foule d'attestations irrécusables qui ne reproduisent pas seulement des opinions, mais des faits matériellement constatés, on ne pourrait exiger que des expériences longues et coûteuses fussent renouvelées, pour chacun de ceux qui sont appelés à profiter de cette découverte. L'inventeur qui a consacré plusieurs années à démontrer aux autres ce qui était déjà certain pour lui, ne demande pas à être cru sur parole, lorsqu'il vient mettre enfin en exploitation un procédé dont une expérience longue et éclairée a prouvé les heureux résultats.

Un ensemble de déclarations unanimes et non suspectes doit entraîner la conviction de ceux pour lesquels ce n'est pas un parti pris de tout révoquer en doute; et un fait que plusieurs témoins dignes de foi attestent d'une manière identique, a pour nous le même degré de certitude que s'il s'était passé en notre présence. L'étude de l'histoire serait complétement inutile, si nous ne devions croire qu'aux événements qui se sont accomplis sous nos yeux.

Un pyrrhonisme obstiné aurait ici ce résultat déplorable, qu'il ajournerait indéfiniment des améliorations dont l'intérêt de l'agriculture exige la réalisation immédiate; et si le procédé de M. Bickes eût été pratiqué dès 1846, la France n'aurait pas eu à supporter les sacrifices onéreux qu'elle a été obligée de faire l'année suivante, pour assurer la subsistance de ses habitants. La mise en culture des terres improductives lui aurait fourni les grains qu'elle a dû demander aux pays étrangers.

§ IV.

Il est des hommes pour lesquels une idée nouvelle devient

immédiatement l'objet d'une spéculation mercantile, et qui se hâtent de la mettre en circulation pour en retirer un profit personnel. S'ils sont assez heureux pour faire partager aux autres ces illusions trompeuses qui séduisent d'ordinaire les inventeurs, ils peuvent s'enrichir, parce qu'ils ont eu le triste avantage de faire beaucoup de dupes, mais ils n'ont rien fait pour accroître la prospérité matérielle et morale du pays.

Celui qu'enflamme le saint amour de l'humanité ne se livre pas aveuglément à une première impression; il sait que le temps et l'étude peuvent seuls féconder ces inspirations heureuses dont la Providence illumine quelquefois le génie de l'homme; et c'est quand l'utilité d'un procédé nouveau lui est complétement démontrée, qu'il vient le présenter avec confiance aux amis du progrès.

La marche loyale et consciencieuse que nous venons d'indiquer est celle qu'a suivie M. Bickes.

Ses connaissances chimiques et l'étude des anciens lui firent découvrir, dès 1828, le principe de la végétation et du développement des plantes; il comprit que les engrais ordinaires ou ceux qu'on avait voulu y substituer, quoique employés en grande quantité, n'atteignaient pas le but qu'on se proposait, parce qu'ils contenaient peu de substances nutritives sous un fort volume, et que leur dispersion sur le sol les rendait presque d'ailleurs inefficaces, relativement aux grains qu'il s'agit de féconder. Concentrer sur ces derniers les principes propres à hâter leur développement, tel fut pour lui le problème à résoudre.

M. Bickes chercha à justifier la théorie par la pratique, et essaya la combinaison de diverses substances propres à accélérer les progrès de la végétation, suivant la qualité du sol et la nature des produits qu'on voulait en obtenir. Satisfait de ses premiers essais, il voulut plus tard les renouveler sur une plus grande échelle, et opérer pour ainsi dire au grand jour, en appelant comme témoins ceux qui devaient profiter de sa découverte, et ceux qui pouvaient formuler des objections plus ou moins sérieuses contre son nouveau système de cul ture. Des agriculteurs et des savants furent partout invités à assister à ses expériences, afin de provoquer le double contrôle de la pratique et de la théorie, ces deux guides avec lesquels on ne peut craindre de s'égarer, quand ils sont d'accord pour constater les résultats obtenus.

Qu'il nous soit permis d'esquisser en quelques pages cet odyssée de l'inventeur cosmopolite qui a voulu, en quelque sorte, faire apprécier d'avance à plusieurs peuples de l'Europe une découverte dont tous sont appelés à faire l'application, un peu plus tôt ou un peu plus tard.

§ V.

En 1829, M. Bickes fit les premières expériences de son procédé dans le jardin impérial de Vienne. MM. Steininger, Zittel et Schiska, chargés d'en diriger la culture, constatent que le blé, l'orge et le maïs dont il avait préparé les semences avaient plus de vigueur et des épis mieux garnis que ceux obtenus par le système ordinaire de culture (1).

Les résultats furent plus satisfaisants encore, par suite des ensemencements de diverses natures faits sur un mauvais gravier, à 36 lieues de Vienne, sous l'inspection de M. Reithofer, que M. le conseiller aulique André, dans son journal agricole, signale comme l'agronome le plus distingué de la Moravie.

Non seulement les seigles préparés étaient plus grands en paille et plus riches en épis que ceux non préparés qui se trouvaient à côté, sur des terrains de même nature, mais il n'en existait pas d'aussi beaux dans toute la banlieue, et plusieurs membres de la Société d'agriculture de Vienne vinrent admirer les belles récoltes obtenues par le procédé de M. Bickes (2).

Au mois de novembre de la même année, sur le point de

---

(1) Voir le n° 1 des pièces justificatives.

(2) Voir le n° 2 des pièces justificatives.

quitter l'Autriche, il fit ensemencer en seigle plusieurs arpents d'une mauvaise terre sans engrais; et au mois de juillet 1830, M. Reithoffer lui fit connaître par sa correspondance le résultat complétement satisfaisant de cette nouvelle expérience.

En 1830, il produisit à Budingen des tournesols de 10 à 11 pieds de haut, et que l'on estima égaler, pour le combustible, des sapins de 8 à 10 ans; des pommes de terre dont chaque pied, haut de 2 mètres était garni, en moyenne, de 30 tubercules; des maïs sur la tige desquels on comptait de 4 à 9 épis (1).

La même année, M. Bickes obtint à Offenbach des résultats non moins avantageux; le blé, le seigle, l'orge, le lin, donnèrent, sur une terre médiocre, plus de produits qu'aux environs, dans de bons terrains; les pommes de terre dont il avait préparé les tubercules avaient 12, 15 et jusqu'à 17 tiges, tandis qu'elles n'en présentent que de 4 à 6 dans les cultures ordinaires (2).

A Russelsheim, il fit semer du colza de mars sur un mauvais sable le même jour où avait lieu un semblable ensemencement sur un terrain bien cultivé, et le rendement des deux récoltes fut égal.

Voulant faire l'expérience de son procédé sur des sols de toute nature, afin de rendre le doute impossible sur son efficacité, M. Bickes voyagea tour à tour en Angleterre, en Belgique, en Hollande et dans plusieurs États de la confédération germanique; partout il obtint le même succès.

Ainsi, en Hollande, il fit des essais *sur le sable mouvant des dunes*; et les résultats en furent des plus satisfaisants, malgré une chaleur de 25 degrés Réaumur dont la végétation la plus vigoureuse avait eu à souffrir.

Le *Handelsblad*, journal d'Amsterdam, du 30 octobre 1834, rend compte de cette expérience sans même en désigner l'au-

---

(1) Voir le n° 3 des pièces justificatives.

(2) Voir le n° 4 des pièces justificatives.

teur; car M. Bickes voulait être jugé par ses œuvres avant de donner de la publicité à son invention.

M. Zeller, secrétaire de la Société d'agriculture de Darmstadt, engagea M. Bickes à rédiger un mémoire sur son procédé de culture; celui-ci s'occupa de ce travail, qu'il lui confia et qui ne devait être communiqué qu'à quelques savants. Mais peu de temps après, le *Journal de Francfort* du 30 octobre 1841 publia sur la découverte de M. Bickes un article qui produisit la plus grande sensation en Allemagne et donna lieu à plusieurs propositions avantageuses qui lui furent faites pour son exploitation.

En avril 1842, M. Bickes se détermina à faire imprimer ce mémoire et à l'adresser à la diète de Francfort. Les ambassadeurs de Prusse et de Saxe vérifièrent les produits de ses ensemencements, dont ils furent très-satisfaits; mais cette communication n'eût pas d'autres résultats, comme si les préoccupations politiques ne permettaient pas aux hommes d'État de songer à ce qui intéresse l'humanité.

Voici du reste les divers résultats des ensemencements de M. Bickes que le *Journal de Francfort* invitait le public à aller visiter.

« Sur du sable du Rhin — chanvre, 8 pieds de hauteur; — orge, 5 pieds, dont les plantes ont 20 à 25 épis.

» Dans une terre pierreuse de moyenne qualité, où les mêmes récoltes avaient été produites l'année précédente :

Ray-gras italien et français de	6 p. à 6 p. 1/2
Trèfle blanc	4 p.
Trèfle rouge	6 p.
Trèfle suédois	11 p.
Luzerne	8 p.
Orge, de 30 à 70 épis	6 p.
Avoine, de 30 à 40 épis	7 p.
Blé de mars, de 20 à 25 épis	7 p.

» Ce dernier contenant 5 grains dans une balle.

» Orge nampto, 6 rangs de grains dans un épi.

» L'avoine a des feuilles de plus d'un pouce de large, et les tiges en sont plus fortes qu'une plume à écrire. »

Toutefois, ce n'était pas assez pour M. Bickes d'avoir publiquement démontré l'efficacité de son procédé, sur des sols de diverse nature, dans une foule de pays différents. L'application de ce procédé, pendant plusieurs années consécutives sur le même terrain, et sans même varier la culture, devait porter la conviction dans les esprits les plus rebelles.

M. Bickes possède une petite propriété à Castel, près Mayence. En 1841, il y a établi le centre d'une exploitation qu'il a étendue sur des terrains appartenant à des tiers, et y a continué plusieurs années des ensemencements de diverses natures.

Les résultats en ont été constatés par une foule de personnes notables, naturalistes, agronomes, fermiers, etc.

Voici ce qu'on écrit à ce sujet dans le *Journal hebdomadaire du duché de Nassau*, sous la date du 24 septembre 1842 :

« M. Bickes a pénétré dans la vie végétative, et découvert le secret d'accroître et d'augmenter la puissance de cette vie par la préparation de la semence, puisqu'il a obtenu des résultats que l'on n'obtient, par la voie ordinaire, qu'à force d'engrais et dans un bon terrain. Il a fait creuser dans son jardin une fosse d'environ une demi-toise carrée, laquelle il a fait remplir de *gravier du Rhin*, puis diviser en plusieurs petites planches qu'il a garnies d'orge, de chanvre, de blé, de maïs et de pommes de terre, lesquels ont produit une récolte vraiment surprenante, en dépit d'un fonds si peu favorable. J'y ai vu une souche d'orge venue d'un seul grain qui a poussé 25 tuyaux, avec autant d'épis richement fournis de grains ; une tige de chanvre de 7 pieds de haut et presque aussi grosse qu'un bambou ; du blé de mars de 10 à 12 tuyaux garnis de beaux épis.

» Celui qui ne connaît pas personnellement M. Bickes pourrait penser que cette végétation aurait été produite par l'arrosement des plantes, joint à la liqueur par lui inventée pour la préparation de la semence ; mais une pareille prétention s'évanouit devant la déclaration d'un grand nombre de cultivateurs de Castel, que dans les champs loués ou abandonnés à M. Bickes, situés au ban de cette commune, choisis parmi les plus maigres et les plus usés, et ensemencés d'après sa méthode, il a obtenu une récolte égale à celles qui ont été cultivées sur des terrains plus fertiles et parfaitement fumés.

Mais ce qui donne surtout un caractère de certitude et d'authenticité au résultat des ensemencements faits (1) pendant plusieurs années consécutives dans le territoire de Mayence, c'est un rapport adressé en 1844 par M. Engelhart, consul de France dans cette ville, à M. le ministre des affaires étrangères, et dont celui-ci s'est empressé d'adresser une copie à son collègue du commerce et de l'agriculture. Depuis quelques mois nous avions vainement demandé à l'un et l'autre des deux ministères précédents une copie de ce document important. Elle nous a été récemment délivrée par le ministre provisoire de l'agriculture et du commerce.

Postérieurement au rapport de M. Engelhart, l'application du procédé de M. Bickes a été continuée, sur le territoire de Mayence, avec le même succès (2).

En Belgique, les nombreuses expériences faites par M. Bickes ont eu beaucoup de retentissement. Il a eu l'honneur d'être présenté au roi, qui l'a félicité de sa belle découverte; et le graveur de Sa Majesté lui a offert une médaille en bronze du plus grand module, sur laquelle se trouvent gravés ces mots : *A M. Bickes, l'humanité reconnaissante.*

Du reste, il suffit de citer quelques lignes du journal belge *l'Emancipation*, sous la date du 13 mars 1843, pour se faire une juste idée du résultat des divers ensemencements de M. Bickes, dont tous les habitants de la localité ont été appelés à vérifier l'exactitude.

---

(1) Voir le n° 5 des pièces justificatives.

(2) Voir le n° 6 des pièces justificatives.

« La description que nous allons faire des champs ensemencés par le procédé de M. Bickes, en les comparant aux produits ordinaires, suffira pour donner à nos lecteurs le désir de juger par leurs propres yeux.

» Nous avons vu des pieds de froment d'hiver de 50 à 69 épis, du froment de mars avec 5 et 6 grains dans une balle ; des pieds de maïs de 3 mètres de haut avec 10 épis ; des avoines de 30 à 40 tiges et contenant 3 à 400 grains dans un épi ; des pieds d'orge de 60 à 75 épis ; des luzernes récoltées en terre moyenne, pierreuse, de 2m à 2m 1/4 ; du trèfle rouge, de 1m 1/2, et du trèfle blanc, de 1m 1/4 ; ce dernier ayant des feuilles de plus d'un pouce de large, circonstance remarquable comme force de végétation, et observée aussi sur les feuilles de navet et de luzerne qui affectent une forme presque ronde dans leur développement. Il nous a été aussi présenté du ray-gras de 1m 3/4 de hauteur, pour la première coupe, et de 1m 1/2 pour la seconde ; des pommes de terre portant jusqu'à 50 tiges de 1m 1/2 de haut, et chargées de 30, 40 et 50 tubercules fortement développés ; des chanvres de 2 pouces de diamètre ; enfin des orges à deux rayons venus en sable mouvant, avec 15 à 18 grains dans chaque épi, et de l'orge *nampto* rapportant dans un épi jusqu'à 84 grains. Ajoutons que le grain et les fruits de ces divers produits ont plus de développement, renferment plus de fécule, plus de sucre et de saveur que ceux récoltés par le procédé ordinaire. »

La même publicité a accompagné, en Angleterre, les diverses expériences faites par M. Bickes, ainsi qu'on peut s'en convaincre en se reportant aux divers journaux publiés dans ce royaume, notamment au *Sunday-Times* du 3 août 1845 ; au *Garden-Gazette* du 24 janvier 1846 et au *Farmer-Journal* du 12 janvier 1846 (1).

Nous avons sous les yeux plusieurs épis de blé récoltés en

(1) Voir les nos 7 et 8 des pièces justificatives.

Angleterre, en 1847, sur un très-mauvais sol : ils ont de 8 à 9 pouces de longueur ; chaque épi contient de 13 à 14 étages, et chaque balle 3 ou 4 grains plus gros et plus chargés de fécule.

M. Bickes vient d'être informé que de nombreux ensemencements par lui effectués en Angleterre, au mois de novembre dernier, annoncent de beaux résultats.

Des expériences ont aussi été faites en France, sur deux points non éloignés de la capitale; savoir, à Montrouge et auprès de Saint-Germain, dans la propriété de M. le marquis d'Aligre.

Les résultats de ces expériences se trouvent constatés dans deux lettres, l'une du baron de Kinkelin ; l'autre de MM. Petit, ingénieur, et Krafft, chimiste.

« En résumé, est-il dit dans la première de ces lettres, le résultat est tout à fait remarquable et concluant pour moi. Aussi, je ne craindrais pas de le proclamer hautement, et vous pouvez invoquer mon témoignage. J'écrirai sous peu de jours à M. le baron de Bourgoing (depuis, ce diplomate distingué a visité les ensemencements de M. Bickes, dans les environs de Mayence) pour lui faire part de ce beau succès ; et mon intention est d'en informer aussi Mme la comtesse de Meulan, qui a bien voulu prendre à ces expériences un intérêt tout particulier.

M. Petit s'exprime ainsi dans sa lettre :

« L'expérience de Saint-Germain est ce qu'il y a de plus concluant. Le terrain est horrible ; les ensemencements ont été faits trop tard ; les corbeaux ont tout ravagé ; et pourtant, on a obtenu sur un sol de sable, un froment beau surtout en épis, et un seigle qui, pour ne pas être magnifique, n'en est pas moins une récolte forte pour du terrain de ce genre.

» A Montrouge, sur la carrière non engraissée, c'est infiniment plus beau ; mais le terrain est meilleur.

» C'est tout ce qu'on peut désirer : le problème de la culture sans engrais s'y trouve résolu. »

§ VI.

Quant à présent, nous ne nous occuperons pas des heureuses applications dont le procédé de M Bickes est susceptible, pour le développement de nos plantes potagères et le perfectionnement des fleurs qui embellissent nos serres et nos jardins. C'est de l'utile qu'on doit s'occuper d'abord ; l'agréable viendra plus tard.

Le grand problème à résoudre, c'est l'amélioration de l'agriculture, dont la classe laborieuse doit surtout profiter. Accroître la production des substances alimentaires et des fourrages, c'est assurer au pauvre le pain et la viande à bas prix ; c'est offrir au riche le moyen d'augmenter sa fortune, par la vente de l'excédant des produits sur la consommation ; c'est aussi développer la prospérité publique, en substituant les exportations aux importations ; c'est enfin affranchir la France du tribut onéreux qu'elle paie aux étrangers, pour le déficit de ses récoltes.

Recueillons ici quelques données que nous fournit la statistique, pour bien constater une situation fâcheuse qui s'aggrave de jour en jour, et à laquelle il est urgent de remédier.

Le climat et le sol se prêtent en France à presque toutes les cultures ; mais la science agricole est stationnaire ou plutôt rétrograde ; si bien que nous recevons chaque année de l'étranger une importation moyenne de 125 millions, en produits du sol, bestiaux et matières premières, que nous pouvons obtenir chez nous.

Voici les éléments de ce bilan passif :

Grains, un million d'hectolitres.	17,000,000 fr.
Graines oléagineuses..........	35,000,000
Laines brutes................	30,000,000
Chevaux......................	4,000,000
A reporter....	86,000,000

Report.......	86,000,000 fr.
Bœufs et vaches.............	14,000,000
Moutons....................	2,000,000
Bois.......................	13,000,000
Soie, lin, chanvre, etc.........	10,000,000
Total...........	125,000,000 fr.

Deux circonstances capitales expliquent un tel état de choses :

1° La grande étendue des terrains tout à fait improductifs, en France, et qu'on peut évaluer à 12 millions d'hectares ;

2° L'insuffisance des bestiaux de tout genre, pour les besoins de l'agriculture et de la consommation. Comparativement à ceux qu'on élève en Allemagne et en Angleterre, la proportion est de 1 à 5.

Dans le système de culture actuel, il est difficile de remédier à ces deux inconvénients, parce qu'il faudrait multiplier les prairies artificielles pour élever un plus grand nombre de bestiaux, ce qui absorberait une partie des terres cultivées en céréales, et dont les produits ne suffisent pas déjà aux besoins de la consommation ; et parce qu'on ne pourrait créer de grands pâturages, sans une masse d'engrais que les bestiaux aujourd'hui existant en France ne sauraient fournir.

Le problème est à peu près insoluble aujourd'hui, puisqu'en multipliant les bestiaux, on devrait pour les nourrir cultiver une partie du sol en fourrages ; et que pour augmenter l'importance des prairies artificielles, il faudrait avoir une quantité considérable d'engrais, que les bestiaux seuls ne peuvent fournir quant à présent. En un mot, de deux choses qui manquent à notre agriculture et qui se lient comme la cause se lie à l'effet, il faudrait, ce qui est impossible, commencer par en créer une pour se procurer l'autre.

Mais si l'on peut récolter des fourrages abondants sans engrais, il est facile de multiplier le nombre des bestiaux, et de faire ainsi de la viande, par son bas prix, la nourriture habituelle du peuple.

Si, d'un autre côté, on cultive, d'une manière utile, plusieurs millions d'hectares de terrains aujourd'hui improductifs, on pourra faire une large part aux prairies artificielles, en ayant d'ailleurs une production de céréales assez abondante pour livrer à la consommation étrangère une grande quantité de blé et d'autres grains.

Enfin, d'autres cultures particulières, notamment celle du chanvre et du lin, pourront recevoir des développements tels que leurs produits suffiront à nos besoins ; et ainsi disparaîtront tous les articles d'importation annuelle formant le capital énorme de 125 millions, excepté celui qui s'applique aux bois de construction, dont nous pourrons aussi sans doute nous affranchir plus tard, soit par l'amélioration de notre régime forestier, soit par les ressources que nous offre l'Algérie.

Mais, dira-t-on peut-être, si les engrais sont inutiles dans le nouveau système de culture, quel usage fera-t-on des fumiers produits par les bestiaux, dont on se propose d'ailleurs d'augmenter considérablement le nombre?

Une explication bien simple suffit pour repousser cette objection :

M. Bickes n'est pas un de ces hommes exclusifs qui, pour assurer le triomphe d'une idée nouvelle, veulent méconnaître les résultats constatés par une longue expérience. D'après son procédé, on peut obtenir de bonnes récoltes sans recourir aux engrais usités jusqu'à ce jour; mais ces récoltes doivent être plus riches, en opérant sur de bons terrains, progressivement améliorés par une culture intelligente.

En un mot, si la fumure des terres n'est plus indispensable, elle est toujours utile; mais au lieu de répandre ses fumiers sur des terrains de bonne qualité, le cultivateur les emploiera à améliorer les terrains les plus ingrats, qu'il laisse aujourd'hui improductifs, bien certain que le produit qu'il en obtiendra le dédommagera largement de ses sacrifices.

Ainsi, cette masse de terrains négligés aujourd'hui, soit parce qu'on les considère comme tout à fait improductifs, soit parce qu'on ne pourrait en espérer, dans le système actuel, le remboursement des dépenses qu'exigerait leur culture, entreraient immédiatement dans l'exploitation agricole, d'après le procédé de M. Bickes, et pourraient même devenir dans la suite des terres d'excellente qualité, parce qu'on les ferait profiter des engrais, exclusivement réservés aujourd'hui au sol dont le cultivateur attend de bonnes récoltes.

§ VII.

Résumons rapidement les nombreuses applications que peut recevoir le procédé de M. Bickes, et les avantages qui doivent en résulter, dans l'intérêt de l'agriculture et de la population tout entière. C'est le meilleur moyen de justifier l'exergue de la médaille gravée, en Belgique, en l'honneur du savant modeste : *Au nom de l'humanité reconnaissante.*

1° Le petit cultivateur qui n'a pas de bestiaux est obligé de consacrer une partie du produit de sa récolte à l'achat des engrais, dont le transport et la disposition sur le terrain exigent d'ailleurs un temps considérable.

Le fermier placé à la tête d'une vaste exploitation est lui-même souvent forcé de se procurer, à grands frais, des engrais naturels ou artificiels, pour suppléer à l'insuffisance de ses fumiers; il s'agit pour l'un ou pour l'autre d'une dépense de 2 fr. par are, ou 200 fr. par hectare; elle se trouve remplacée, avec une économie de 80 ou 90 pour 100, par le procédé de M. Bickes; puisque la préparation d'un hectolitre de grains, suffisant pour l'ensemencement d'un hectare, ne coûte que 15 fr.

2° Par l'application de ce procédé, les sols de toute nature, en commençant par le plus mauvais sable, sont susceptibles d'une culture utile, parce que la semence contient en elle-même les principes nutritifs qui manquent à la terre.

3° Sur les terrains les plus médiocres on obtient des récoltes au moins égales à celles que donnent les terres de qualité ordinaire, d'après le système actuel de culture. Les produits s'accroissent, suivant la bonté du sol; si bien qu'il existe, sur des terres de même nature, une supériorité incontestable en faveur des récoltes produites, d'ailleurs, à moins de frais, par le procédé de M. Bickes.

4° Ce procédé peut s'appliquer avec avantage à tous les produits du sol, parce qu'il est fondé sur un fait dont les conséquences sont infaillibles: le développement du principe qui constitue la vie végétale, dans les grains et les plantes confiés à la terre.

Parlons d'abord des céréales, la production la plus utile de toutes.

Les semences en seigle préparées par M. Bickes ont produit de belles récoltes dans les plus mauvais terrains; d'après le terme moyen des nombreuses expériences qu'il a faites, et dont les résultats ont été publiquement constatés, le rendement a été en moyenne de 20 hectolitres par hectare.

Quant au blé froment, il a souvent récolté 15 à 16 hectolitres sur un sol de mauvaise qualité, jusqu'alors rebelle à cette culture. Ses produits ont été admirables dans les bonnes terres; la paille est beaucoup plus riche, et quant aux grains, ses récoltes ont généralement dépassé du tiers, ou même de la moitié, celles des champs voisins.

Les avoines et les orges présentent la même différence dans les résultats.

Les avantages sont plus remarquables encore relativement au maïs. Chaque grain produit en moyenne 4 ou 5 tiges, dont chacune porte un pareil nombre d'épis; de sorte qu'on peut, sans exagération, évaluer au moins au double du produit ordinaire, celui qu'on obtient par les semences préparées d'après le procédé de M. Bickes.

5° Les prairies artificielles sont devenues d'une telle importance dans l'industrie agricole, qu'on cherche partout à en multiplier les produits, parce qu'on peut ainsi obtenir à très-bon marché le pain et la viande.

Aussi l'application du procédé de M. Bickes a-t-elle été faite fréquemment, et avec succès, à des fourrages de toute espèce.

La luzerne, le ray-gras, le trèfle blanc et rouge, produits par des graines préparées, ont donné plusieurs coupes très-abondantes. A la première coupe, la hauteur moyenne était, pour la luzerne, de 2 mètres 1/2 ; pour le ray-gras, de 2 mètres ; pour le trèfle blanc et rouge, de 1 mètre 1/2 à 1 mètre 3/4.

6° Les pommes de terre, qu'on appelait jadis la nourriture du pauvre, et dont la consommation s'accroît chaque jour, ont présenté, dans les nombreuses expériences de M. Bickes, des résultats vraiment extraordinaires. Chaque tige donnait, dans des terrains médiocres, de 20 à 25 tubercules d'un beau volume ; et ce qu'il y a de remarquable, c'est qu'on n'a trouvé dans la récolte de pommes de terre préparées avant leur ensemencement, aucune trace de la maladie qui avait fait des ravages dans les champs voisins.

7° Les betteraves, les carottes et les navets, qui sont dans plusieurs localités l'objet d'une culture importante, acquièrent aussi plus de volume et de développement, lorsque les graines ou les boutures ont été préparées par le procédé de M. Bickes ; ils sont également plus sucrés.

8° Plusieurs cultures spéciales, dont certaines localités ont aujourd'hui le monopole exclusif, et dont les produits livrés au commerce et à l'industrie présentent de grands avantages, tels que le colza, le chanvre, le lin et le tabac, peuvent être suivies avec succès dans presque toutes les parties de la France, et accroître ainsi considérablement nos richesses agricoles. Les plus beaux résultats ont été obtenus par M. Bickes, dans plusieurs pays où ces cultures étaient essayées pour la première fois : des chanvres d'une hauteur de 3 à 4 mètres, des colzas et des lins supérieurs à ceux que l'on récolte dans nos départemens du Nord et dans la Flandre, des tabacs de la végétation la plus riche.

9° Les pays vignobles peuvent aussi retirer un grand avantage de la découverte de M. Bickes, sous le double rapport de l'abondance et de la qualité du raisin.

10° Enfin les arbustes et les arbres arrosés avec sa préparation, deviennent plus vigoureux et se développent avec rapidité. Encore à cet égard, M. Bickes a obtenu des résultats vraiment extraordinaires : il a recueilli des fruits sur des arbres qui n'avaient jusqu'alors produit que des fleurs ; et un pied d'épine noire, qui, comme on le sait, ne donne que de petites prunes sauvages, s'est couvert, grâce à son système de culture, de prunes d'un volume égal à celles que l'on sert habituellement sur nos tables.

Une circonstance digne de remarque, c'est que dans toutes ses applications, le procédé de M. Bickes a pour résultat de donner des produits plus abondants et meilleurs que ceux obtenus par la culture ordinaire ; de telle sorte qu'on peut dire qu'il développe à la fois le principe de vie commun à toutes les productions du règne végétal, et le principe spécial qui caractérise chacune des espèces de cette grande famille.

Ainsi les céréales renferment plus de fécule, les pommes de terre plus de parties farineuses, les betteraves plus de sucre cristallisable ; les fruits ont plus de saveur, et les fleurs elles-mêmes plus de parfum.

Ne serait-on pas tenté de s'écrier, qu'un homme se trouve initié pour la première fois dans le secret de la création?

Pour nous, en terminant cette note, nous devons proclamer que la science n'accomplit jamais une œuvre aussi féconde dans ses résultats, puisqu'elle doit améliorer la position de la classe utile qui se dévoue au travail, et à laquelle nos institutions ont jusqu'ici fait une si petite part, en même temps qu'elle développera la véritable source de la prospérité publique.

M. Bickes a été breveté pour son procédé en Angleterre, en Belgique et en France.

La grande révolution qui vient de s'opérer ouvre une ère nouvelle d'améliorations et de progrès : aussi le gouvernement provisoire s'est-il empressé de protéger une découverte dont la France entière est appelée à profiter.

Le ministre de l'agriculture et du commerce vient d'autoriser M. Bickes à faire exécuter, d'après son procédé, des ensemencements de mars dans le domaine national de Rambouillet.

Il a aussi invité le maire de Paris à s'entendre avec lui, pour la plantation des arbres à remplacer sur plusieurs points.

NOTES ET DOCUMENTS JUSTIFICATIFS.

N° 1.

Nous soussignés certifions avoir vu au jardin impérial, *an der Burg*, les semailles faites par M. Bickes, et consistant en blé, orge et maïs, et que le 24 juin ces végétaux se sont trouvés dans l'état suivant :

1° Le froment était en floraison, et la semence préparée avait des épis plus grands et des grains en plus grand nombre que ceux des semences non préparées.

2° La semence préparée portait même quatre colonnes à chaque épi, et plus du double du nombre de grains ; tandis que les épis de l'orge non préparée n'avaient que deux rayons et moins de grains dans chaque rayon.

3° Les plantes de maïs préparé étaient démesurément plus longues et plus épaisses que celles qui n'ont pas été préparées.

Signé, STEININGER, ZITTEL, SCHISKA.

N° 2.

Le soussigné affirme, par le présent, qu'ayant examiné les grains et les autres plantes ci-après désignés, préparés par M. Bickes dans la semence, et que les ayant comparés avec ceux semés à côté dans la même pièce, mais sans préparation, il (le soussigné) a trouvé le tout dans l'état qui suit : Les plantes provenant de semence préparée présentaient une végétation infiniment plus énergique, un vert plus foncé, des tiges plus grosses, des feuilles plus belles et plus fraîches que celles de semence sans préparation ; les grains en étaient considérablement plus gros ; avec cela la peau de la balle plus mince, et par conséquent les grains plus farineux : en particulier,

1° Le chanvre était plus haut et les jetons latéraux plus fournis de semence ;

2° Le blé de Turquie avait plus d'épis ;

3° Le blé sarrasin avait plus de trois pieds de haut et était rempli de grains ;

4° Le froment, le seigle, l'orge et l'avoine avaient des tuyaux plus gros et en plus grand nombre, des épis plus grands et mieux fournis en grains ;

5° La luzerne était sans comparaison plus belle et mieux garnie en jets, avec des racines deux à trois fois plus vigoureuses.

Comme cette invention, utile au plus haut degré, peut être mise en pratique sans l'emploi de l'engrais, et même dans les champs les plus maigres, et sans entretien de bétail, ce qui, le plus souvent, devient impossible par le manque de fourrage ; que la préparation est fort peu coûteuse et fait épargner une partie de la semence des graminées ; l'utilité en est incalculable sous beaucoup de rapports, pour l'économie rurale. Le procédé est applicable à toutes les plantes, et y communique une végétation étonnante et une plénitude qui conduira à de nouveaux phénomènes dans le monde végétal. Ces apparitions se sont même déjà réalisées en partie, puisque les épis d'orge à deux rayons ont été transformés en épis à quatre rayons, et même en nombre de grains à chaque rayon, ce qui ne s'est pas encore présenté dans la nature.

Les disques de tournesol avaient plus du double du diamètre ordinaire ; les choux-raves, les têtes plus grosses ; les choux-fleurs, les fleurs plus fournies ; les balsamines et les concombres étaient beaucoup plus riches et présentaient des fruits abondants, tandis que ceux dont la semence n'avait pas subi la préparation n'offraient que quelques fruits rabougris, de quelques pouces, qui tombaient en pourriture.

Par la continuation de quelques années de cette amélioration, tout le règne végétal sera régénéré, puisque les essais faits très-tardivement cette année ont produit une grande augmentation de vigueur dans les plantes.

Cette invention surpasse ce qui a été connu jusqu'à ce jour, à un tel degré, qu'elle laisse derrière elle toutes les améliorations agronomiques, jusqu'aux substitutions d'engrais et les engrais même.

Signé : Jean-Nép. REITHOFER ; WOLFGANG-MAYER, officier taxateur, témoin ; B. SKRIWANEK, taxateur adjoint, témoin requis.

Le magistrat soussigné et ci-après qualifié de la ville impériale et royale de Vienne, capitale de l'empire d'Autriche et résidence de S. M. l'empereur, atteste que Jean-Nép. Reithofer a signé en personne la déclaration ci-dessus, et que, par leurs signatures, les témoins ont confirmé l'identité de sa personne.

En foi de quoi, nous avons signé et fait apposer le sceau de notre juridiction.

Signé : Jean-Baptiste RIPPELLY, vice-bourgmestre ; M. RUHN, conseiller ; Jos.-Nép. HIRSCH, secrétaire.

N° 3.

Les soussignés ont été invités à examiner les plantes cultivées au jardin du comte, selon l'invention de M. BICKES, et y procédant aussitôt en présence de M. SEEL, jardinier comtal, ils ont vu ce qui suit :

1° Plusieurs tournesols de 10 à 11 pieds de haut, dont les tiges, mesurées près de terre, avaient 8 ½ à 9 pouces de contour. Il y en avait 2 ou 3, dans un espace très-resserré. Les mêmes tiges consistaient en un bois solide, qui peut être assimilé, sous le rapport du phlogiston, aux pins de 8 à 10 ans. Les péricarpes, comme les grains, se distinguaient par leur plénitude et leur grosseur.

2° Dix à douze plantes de pommes de terre, de la grosse espèce jaune, appelée ici MARBURGER, avaient, l'une portant l'autre, plus de trente forts tubercules, avec de grosses tiges de 7 pieds de long.

3° Le maïs était planté, partie isolément et partie en lignes. De ce dernier, la première et la deuxième plante portaient, chacune, 9 épis; la troisième, 8; les trois suivantes, chacune 4; la septième, 6; la huitième et la neuvième, chacune 5; la dixième et la onzième, chacune 4; la douzième, 8; la treizième et la quatorzième n'en avaient que 2 chacune; mais elles étaient plantées sous un arbre.

Ces plantes étaient en partie assez mal cultivées, étant partout entourées de mauvaises herbes fort élevées. Ce que nous attestons conformément à la vérité.

Büdingen, le 12 septembre 1831.

Signé : EBERLING, bourgmestre; CHARLES LEHNING, conseiller municipal; J. HANNER, conseiller municipal; HENRI SEEL, jardinier du comte; JEAN STEIN, officier rural assermenté; DR. G. TUDICHUM, directeur du Gymnase; BERNARD, assesseur camérier et membre de la société agricole du grand-duché de Hesse; C. LEHR, bourgmestre à Rohrbach, et membre de la même société; JEAN SCHNEIDER, cultivateur; PUCKEL, intendant des finances.

Pour légalisation des signatures des messieurs ci-dessus nommés et qualifiés, et pour attestation de la vérité de leur déclaration, de laquelle vérité je me suis convaincu par moi-même.

Signé : HOFMANN, conseiller d'arrondissement du grand-duché de Hesse.

N° 4.

Nous soussignés certifions que, sur la demande de M. Bickes, nous nous sommes transportés sur les terres siliceuses, maigres et non fumées, ensemencées et plantées selon son invention ; qu'examen fait des récoltes sur pied, nous avons trouvé le tout dans la situation suivante :

Sur le champ de M. Deisler, nous avons vu des blés de mars, du seigle, de l'orge et du lin préparés et d'autres non préparés, mais de la même espèce.

Le blé préparé a poussé 10 ou 15 tuyaux d'un seul grain, les nouveaux grains plus gros et plus nombreux, et dans la même glume le troisième après les deux autres, lequel manque totalement au froment non préparé. Les épis de seigle renfermaient jusqu'à 14 grains dans un rayon, tous plus complets qu'à l'ordinaire. L'orge à deux rayons avait 8, 10 à 15 brins par souche ; celle de 6 rayons, 12 grains, et celle de deux, 14 grains par rayon. En général, tout est plus grand, plus riche que dans les meilleurs champs de notre finage.

Le lin préparé est d'une pesanteur double dans les tiges et les capsules, et celles-ci sont du double en nombre ; et là où l'autre commence déjà à jaunir, celui qui a reçu la préparation est encore d'un vert très-foncé.

Les pommes de terre surtout surpassent tout ce que l'on a jamais vu dans les cantons les plus riches. Une seule pomme de terre a poussé jusqu'à 10 tiges et plus ; plusieurs des souches en avaient jusqu'à 15 et 17, tandis que dans les meilleurs champs non préparés on ne voit, l'un portant l'autre, que le tiers de ces nombres.

En aucun lieu, même dans les jardins, on ne trouve de l'herbe, du trèfle, des haricots, des betteraves, des choux blancs, des choux frisés, des choux raves, des tournesols, des raves, etc., qui présentent une abondance, un luxe comme les plantes dont nous parlons.

Dans les champs de M. DIEHLER, les semences étaient

de 6 gescheid (environ 12 litrons de 16 pouces cubes) par arpent, partant le quart de la quantité ordinaire, pour le blé de mars et le seigle.

Le seigle provenu de la semence préparée formait un véritable contraste avec le non-préparé à côté. Il était de beaucoup plus élevé et portait des grains plus gros et en plus grand nombre dans les épis.

Le froment était plus beau que celui de toutes les autres pièces. Il se distinguait par son abondance de celui des champs de première qualité et bien fumés. Plusieurs souches avaient 8 ou 9 tuyaux avec un troisième grain dans la balle.

Le terrain où se trouve ce blé est une terre glaise bleuâtre qui d'ordinaire ne produit presque rien.

A côté de l'orge de M. Pfalz, celui-ci en fit fumer un arpent de cette céréale; mais il s'en faut beaucoup qu'elle présente une moisson aussi complète que celle dont la semence a été préparée : celle-ci porte des grains plus fournis et en plus grand nombre, des tuyaux plus épais et aussi plus nombreux que ceux des autres pièces contenant même des grains d'hiver. Le trèfle préparé et semé avec l'orge est d'une beauté particulière.

Signé : Pierre Deisler, Ph. J. Diehler,
Frédéric Pfalz.

Pour légalisation des signatures.

Signé : Schwaner, bourgmestre.

N° 5.

L'invention de M Bickes m'a paru trop importante pour ne pas être signalée à l'attention du gouvernement du roi, et plus spécialement à celle de M. le ministre de l'agriculture et du commerce.

En effet, avant que d'admettre, pour ma conviction personnelle, les résultats constatés dans les certificats et *documents* joints à la brochure de M. Bickes, à l'effet de prouver l'utilité pratique de sa découverte, j'ai surveillé et suivi avec attention, pendant trois années, les différentes applications qu'il en a faites dans la banlieue de Castel.

Or, voici ce qui, de ces résultats publiés, est actuellement constaté d'une manière irrécusable, tant par ce que j'ai vérifié en personne, que par ce qui a été constaté lors de l'expertise qui a eu lieu par une commission de la Société agricole du grand-duché de Hesse, sur l'ordre du gouvernement :

1° Dans une fosse uniquement remplie de sable du Rhin, à une profondeur de 4 pieds et portant les mêmes plantes pendant deux années consécutives,

Des *tiges de chanvre* de la plus belle venue, et ayant 7 pieds d'élévation;

Des *plantes d'orge* de 3 pieds de hauteur, en faisceaux de 20 à 30 tiges, couronnées d'épis bien fournis.

2° Dans des pots de fleurs remplis de sable du Rhin :

Des *plantes de froment* d'une venue extraordinaire de vigueur.

3° Dans un jardin abrité, exposé au midi, terre moyenne un peu pierreuse, travaillée à la bêche, mais qui n'a pas reçu d'engrais depuis huit années :

Le ray-gras de France et d'Italie, de 6 à 6 1/2 de hauteur (1);
Du trèfle blanc de 2 pieds;
Du trèfle rouge ou d'Allemagne, 3 pieds 4 pouces;
De la luzerne, 3 pieds 8 pouces;
Du trèfle de Suède, 9 pieds;

} Ces plantes semées portaient la 2e année.

Orge de mars, 6 pieds de hauteur, et portant 30 jusqu'à 56 tuyaux par plante;

(1) Le pied de Hesse 10 pouces — 25 centimètres.
400 toises de Hesse — 2500 mètres
204 » — 1275 »

Avoine, 6 1/2 de hauteur, avec 30 à 38 tuyaux par plante ou grain ;

Froment d'été, 7 pieds d'élévation, avec 21 à 25 épis par tige, et portant de 5 à 6 grains dans une balle ;

Orge de l'Himalaya, portant 6 rayons au lieu de 4 ;

Bette blanche de 11 pieds de hauteur, avec des tiges très-épaisses en proportion ;

Enfin, choux, pommes de terre, salade, oseille, fenouille, tabac, mauves, tourne-sols, etc., tout présentait une plus grande vigueur de végétation et de développement que partout ailleurs.

Le maïs était surtout remarquable, les plantes présentaient 4 à 5 tiges avec 5 et 6 épis chacune.

J'avais vérifié dans la banlieue de Castel, sur un terrain aride et sablonneux, une culture de maïs à la Bickes, dont la plupart des plantes portaient 2, 3 et jusqu'à 4 tiges avec 3, 4 et jusqu'à 5 épis à la tige.

Indépendamment de ces vérifications faites sur les lieux, et quelle que fût ma confiance dans la sincérité de M. Bickes, il m'importait encore de pouvoir juger les résultats de sa découverte sur une plus grande application et sur un sol autre que le sien et soustrait par conséquent à tout arrosement extraordinaire.

Je lui demandai donc de se prêter à cette expérience, et il y accéda. Il se rendit, en conséquence, à Herrnsheims, au château de Mme la duchesse de Dalberg, à huit lieues de Mayence, où il fit ensemencer un champ de graines de colza préparées par lui ; la graine a été fournie de la ferme du château, et l'ensemencement fait, à la volée, par l'un des valets de labour, en présence de M. Bickes et de mon frère, intendant de Mme la duchesse.

Je laisserai maintenant parler mon frère, dans l'attestation remise à M. Bickes.

« Un champ de la 4e classe, d'une superficie de 204 toises de Hesse, labouré et disposé comme d'ordinaire, mais non fumé, ensemencé, en juin, de colza préparé par M. Bickes, a donné les résultats suivants :

» 1° Les semences Bickes furent plus longtemps à pousser hors de terre que sur les champs voisins ensemencés d'une autre manière.

» 2° Vers la fin d'août, presque tous les champs de colza furent envahis par la mordelle (pucerons), de telle sorte qu'on dut faire passer la charrue sur un grand nombre de cultures de colza.

» 3° Dans le champ Bickes, on n'a remarqué aucun vestige de pucerons.

» 4° Au contraire, vers la même époque, les plantes de ce champ prirent un tel développement de croissance et de vigueur, qu'elles dépassèrent considérablement toutes les cultures similaires. Le vert y était d'une couleur plus foncée et plus fournie.

» 5° A la première reprise de végétation, les plantations surgirent si abondamment, que tout le champ ressemblait à un buisson épais.

» 6° Après la formation complète des gousses ou des épis, l'on remarqua un grand nombre de plantes portant deux gousses à la même souche.

» 7° A la récolte, la graine était pure, ronde, noire et très-douce au toucher ; le rouge y était imperceptible.

» 8° Les 204 toises ont produit, en colza nettoyé et ensaché, 4 1/2 malters de Hesse ;

» 9° *Jamais* rendement semblable n'a été obtenu dans notre banlieue, même sur les meilleures terres de la première classe.

» Le produit Bickes, à Herrnsheim, à raison de 128 litres par malter, a donc donné 572 litres, sur une superficie de 1275 mètres, ce qui correspond par hectare à un rendement de . . . . 48 hect. 8 litres.

» Dans le grand-duché de Hesse, le produit d'une bonne année ordinaire (moyenne de 5) a été constaté officiellement, par arpents des meilleures terres, à 7 malters = 8 hect. 96 litres. (Canton de Pfungtads et de Heppenheim.)

» Canton d'Osthofen, à une lieue de Herrnsheim *par hectare*, à 5 malters = 6 hect. 40 litres.

» Dans l'arrondissement de Lille, celui qui est le plus productif du département du Nord et de toute la France, à la fois, le rendement d'une bonne année a été constaté officiellement à 21 hect. 93 lit.

» Le rendement moyen des vingt et un départements de la région du nord-est de la France est de 13 hectolitres 44 lit.

» Et celui des vingt-deux départements du sud-est, 8 hect. 99 lit. »

Un autre essai de la découverte Bickes a été fait à Hochneim, à la demande de l'un des membres de la Société agricole du duché de Nassau, en 1843.

Un champ de 90 toises nassauviennes, présentant sur toute sa superficie les mêmes conditions de sol et d'exposition, a été divisé dans toute sa longueur en deux parties parfaitement égales, dont l'une fut ensemencée en orge, préparée par M. Bickes, et l'autre sans préparation; mais pour tout le reste, quantité, qualité des semences, main-d'œuvre, etc., les choses furent absolument les mêmes pour chaque moitié.

Cette expérience a donné les résultats suivants : La germination, pour la moitié Bickes, devança de beaucoup l'autre moitié.

Lors de la récolte, la moitié Bickes produisit 61 gerbes; ensachée, elle donna 2 3/4 malters de Hesse = 3 h. 43 l., et 43 bottes de paille, pesant 581 k.

L'autre moitié produisit :

42 gerbes, 1 7/8 malters d'orge = 2 h. 40 l., et 28 bottes de paille, du poids de 382 k.

Il y a donc une différence de 45 % à l'avantage de la moitié Bickes.

Comme 118 toises de Nassau = 2,500 mètres, le rendement de 343 litres sur la moitié de 90 toises, soit 950 mètres, équivaut, à l'hectare, à 35 h. 98 litres.

Dans le département du Nord, le rendement est de 31 h. 74 l., et ce département offre le maximum des quarante-trois départements de la moitié orientale de la France.

Encore faut-il ajouter que le champ de Hochheim donnait en 1843 sa quatrième récolte, puisque, laissé en jachère et fumé en 1839, il avait produit :

En 1840 du colsa,
» 1841 du froment,
» 1842 des pommes de terre.

Les expériences faites à Herrnsheim et à Hochheim, à la fois, auraient donc confirmé les résultats constatés dans les divers documents insérés dans la brochure de M. Bickes.

Il n'y aurait donc plus à douter des avantages de la découverte pour les pays qui ont encore des terrains incultes, ou qui cultivent en jachère, et n'ont par conséquent ni le bétail ni les engrais suffisants.

La France se trouverait plus ou moins placée dans ces conditions.

En effet, les documents officiels, publiés sur les quarante-trois départements qui constituent la zône orientale de la France, constatent que sur les 25 millions d'hectares du domaine agricole de cette moitié du royaume il y a :

8,863,000 hectares affectés aux cultures en grains,
3,335,000 » en jachères annuelles,
4,498,000 » en pâtis, landes et bruyères,
1,947,000 » en prairies naturelles seulement,
733,000 » en prairies artificielles,
5,694,000 » en bois, vergers et châtaigneraies.

Le simple rapprochement de ces chiffres expliquerait donc comment en France le rendement *moyen général* en froment n'est que de 11 hectolitres à l'hectare, et celui spécial des

3

quarante-trois départements de la zône orientale, de 12 h. 41 l., tandis qu'il est de 22 à 23 en Belgique, sur les rives allemandes du Rhin, et dans les pays qui ont abandonné le système de l'assolement triennal. Le département du Nord, c'est-à-dire le plus productif de toute la France, rend 20 h. 74 litres en bonne année ordinaire; et dans les mêmes conditions, on obtient 24 à 25 hect. dans la Hesse rhénane.

Ces chiffres expliqueraient, en outre, comment la France, avec son sol riche et varié, est cependant tributaire de l'étranger pour une foule de produits nécessaires à sa consommation et à son industrie, et que son agriculture pourrait lui fournir en surabondance. Car dans les questions économiques, tous les faits se lient et se tiennent entre eux, par des effets qui deviennent causes à leur tour. Ainsi, fourrages, bétail, céréales et industrie, sont absolument la même chose, des principes de production et de prospérité.

Sans rien exagérer, les chiffres de ces produits étrangers s'élèvent annuellement de 140 à 150 millions, d'après les valeurs officielles de nos importations en 1841, valeurs qui du reste sont loin d'atteindre la réalité des prix.

En voici d'ailleurs le détail sommaire.

Il a été importé en France en 1841 :

1. En viande sur pied (bœufs et porcs).	9,700,000 fr.
2. En peaux grandes et fraîches. . . .	11,000,000
3. En oreillons, os, cornes, sabots et poil de bétail	2,000,000
4. Graisses de mouton, suifs, et sain-doux	6,000,000
5. Laines d'Europe.	45,000,000
6. Fromages.	3,000,000
7 Beurre.	2,200,000
8. Engrais	1,500,000
9. Grains.	3,600,000
10. Graines oléagineuses	49,000,000
11. Lin et chanvre	6,700,000
12. Légumes secs et fourrages	900,000
TOTAL. . . .	140,600,000 fr.

En toute rigueur, il faudrait encore ajouter la valeur en huile d'olive avec 23,000,000; mais il faudrait en déduire 18 à 19 millions pour nos exportations en viande sur pied, en beurre, fromages, grains et autres objets similaires, de sorte qu'il y aurait à peu près compensation.

Si donc la découverte Bickes n'avait d'autres résultats que de diminuer d'un cinquième le tribut que nous payons annuellement à l'étranger, elle vaudrait déjà la peine de s'en occuper. Il faudrait s'en occuper encore comme moyen de lutter avantageusement contre les tendances des pays étrangers d'Europe, de se suffire de plus en plus à eux-mêmes et de repousser nos produits.

Mais ce résultat ne serait sans doute pas le seul, puisqu'il y aurait à tenir compte de l'économie notable que l'on obtiendrait dans les frais de labour et de culture du domaine agricole actuel en France.

Enfin, la découverte Bickes m'a paru surtout importante pour les départements du Midi; de sorte que j'ai pensé qu'elle pourrait venir en aide à la sollicitude de M. le ministre du commerce, et aux efforts qu'il fait encore chaque jour pour modifier et améliorer le système de culture dans cette partie de la France.

Signé: ENGELHART, agent diplomatique français à Mayence.

N° 6.

Mayence (Mombach).

Les soussignés se sont rendus, à la réquisition de M. Bickes, sur ses champs, pour vérifier les produits provenant des ensemencements préparés par le procédé de ce monsieur.

Nous affirmons par serment que le résultat de cette expertise fut ainsi qu'il suit :

1° Un champ ensemencé en blé. Ce sable aride, pas labouré à la charrue, sur lequel la herse avait passé seulement une fois ; un sol tout à fait improductif a été ensemencé par de la graine préparée par M. Bickes, et a rapporté sans engrais, suivant l'estimation d'aujourd'hui :

1° 30 à 36 grains par épi, et que nous estimons le rendement à trois malters par arpent (15 à 16 hectolitres par hectare). Ce sol n'a jamais été employé, par aucun habitant de notre commune ou tout autre cultivateur, pour froment, et moins encore sans engrais.

2° Deux champs de pommes de terre sans engrais, plantés par M. Bickes, d'un sol identiquement le même que celui du froment, ont rapporté, en moyenne, dix tiges et vingt-cinq tubercules sur un pied.

3° Un champ en seigle, sur un sol de la même qualité que ci-dessus, produisit de beaux épis de 30 à 33 grains, et le rendement en est de quatre malters par arpent, ou 20 hectolitres et demi par hectare.

Nous devons observer que le froment, le seigle et les pommes de terre ont été plantés beaucoup trop tard ; autrement cela devait donner un rendement encore plus fort.

Ce que nous certifions par ces présentes par notre signature.

Signé : V. HERZER, conseiller communal ; Jean KERN, id., Vict. MUMM, garde champêtre ; N. EPPSTEIN, adjoint du maire.

N° 7.

J'ai l'honneur de vous adresser les renseignements suivants sur les résultats de l'ensemencement fait sur mes terres, le 8 mai, pour faire apprécier les avantages de la culture sans engrais, procédé Bickes.

Je dois vous rappeler les termes du procès-verbal fait le 8 mai, — « que la terre, ensemencée d'orge, d'avoine et de lin, est tout au plus de deuxième classe (on n'en distingue que trois classes en Belgique), qu'elle est argileuse, et n'a pas reçu d'engrais depuis sept ans.

Peu confiant dans l'exécution du procédé, j'avais *livré une terre que je ne pouvais plus cultiver sans une bonne fumure*; que je devais laisser en jachère jusqu'à l'automne, ne voulant pas m'exposer à perdre aucune partie de mes terres actuellement productives.

La commune entière a été témoin des résultats de l'ensemencement de seigle et de froment fait en novembre 1844 sur les terres de la duchesse de Looz. On était bien étonné, mais on ne croyait pas qu'il y aurait de grains. Vous nous avez donné un démenti bien formel, et dont nous vous félicitons bien sincèrement. Pour ce qui concerne les faits dans toute leur vérité, l'orge venue sur la terre indiquée plus haut, et dont je vous envoie une gerbe, est belle de paille; elle a une belle hauteur. La proportion des gerbes obtenues est de 58 par trois litres de semence préparée. *Le rendement en grains a été de 60 litres pour un,* CHOSE INOUIE *dans nos contrées*; 60 HECTOLITRES PAR HECTARE. *La graine est forte, bien remplie et de toute première qualité.*

Le lin nous a surpris plus encore; JAMAIS, *malgré* mes nombreux essais, je n'avais obtenu ce produit dans cette terre; le lin venu par ce procédé ne laisse rien à désirer, et on en trouve peu de plus beau dans la commune : il a trois pieds de hauteur en moyenne; les capsules sont fortes, bien chargées de graines, le fil est très-fin et le rendement considérable.

Quant à l'avoine, elle se distinguait de sa voisine par un *pied de plus en hauteur, par les canons bien plus forts, les feuilles plus développées, une verdeur plus foncée,* DES ÉPIS BIEN PLUS GARNIS. Les mauvais temps et les coups de vent terribles qui sont passés dans cette direction l'ont couchée, mais, les pluies nous manquant, je ne doute pas qu'elle ne mûrisse bien.

Je vous envoie aussi du chanvre provenant de graines préparées et semées dans mon jardin, le même jour et sur le même terrain que les graines non préparées. — *Ce chanvre a neuf pieds de haut, ses tiges sont au moins quatre fois plus fortes* que les autres provenant de graines non préparées ; *les tiges de ces dernières n'ont pas cinq pieds de haut.*

Je vous envoie également du seigle et du froment provenant de semences préparées, et ensemencées en novembre dans le jardin du château de Grez. DANS UNE FOSSE REMPLIE DE SABLE, d'un pied de profondeur. IL EST IMPOSSIBLE *de voir de plus beaux produits ; nos meilleures terres n'en font pas de supérieurs.*

TOUS LES CULTIVATEURS DES ENVIRONS, ET MOI EN PARTICULIER, nous prenons la liberté de *vous demander comment nous pourrons avoir des graines préparées pour nos ensemencements.* Nous connaissons trop vos bons sentiments pour croire *que vous ne vouliez pas mettre le pauvre cultivateur à même de jouir du bienfait de cette découverte,* LA SEULE VÉRITABLE QUI AIT JAMAIS ÉTÉ FAITE pour l'agriculture, qui, vous le savez, ne paye pas notre dur travail et nos nombreuses privations.

Signé, J.-P. JACQMOT, fermier, A. LACOTERS, J. MATHAL, N. MASONS, J.-J. DEMAIN, G. MAXICQ, J.-F. COLSON, et J. LATOUR.

Nous, bourgmestre de la commune de Gros-Daiseau, certifions que les signatures ci-dessus apposées sont celles des sieurs J.-P. Jacqmot, d'Atex, Lacoters et d'André-Joseph Latour, cultivateurs, demeurant audit lieu.

Signé, RAYÉE.

N° 8.

Absent du dépôt de mendicité de Hoogstraaten, j'ai trouvé à ma rentrée dans cet établissement la lettre que vous m'avez fait l'honneur de m'écrire. J'ai pris connaissance, avec toute l'attention que l'objet réclamait, des trois rapports que vous aviez bien voulu me communiquer, et qui se trouvaient joints à votre lettre.

Les résultats qu'ils indiquent, je les ai aussi remarqués, par l'expérience que nous avons faite avec l'hectolitre d'avoine préparée par le procédé de M. Bickes.

Cette avoine, semée en votre présence, le 5 mai dernier, ne laisse rien à désirer, vu la nature de la terre, qui a été bruyère aride (suivant procès-verbal) depuis trois ans pas engraissée. Cette avoine est aussi belle que celle avec *l'engrais ordinaire* sur la même pièce de terre, et qui devait servir de point de comparaison avec celle préparée par M. Bickes.

A présent que le procédé de M. Bickes EST APPRÉCIÉ, on ne *doit plus se borner à des expériences, mais bien l'employer* en grand; et si ce procédé ne peut pas encore appartenir au domaine public, dans l'intérêt de l'agriculture, M. Bickes devrait établir des dépôts, où, à un prix raisonnable fixé par hectolitre, les cultivateurs pourraient se procurer les différentes espèces de céréales préparées par son procédé et destinées à l'ensemencement des terres.

Par ce moyen, le service rendu à l'agriculture sera immense.

Signé BAUSARD,
Directeur du dépôt de mendicité d'Hoogstraten.

N° 9.

ANGLETERRE. — READING MERCURY.

Au rédacteur,

Beaucoup de vos amis ont certainement un grand intérêt dans les différentes expériences faites dans le but louable d'accroître les produits du sol; et je suis de ceux qui pensent que tout essai tendant à rendre notre pays indépendant, en cas de guerre, des grains de l'étranger, mérite d'être éprouvé. Je vous préviens, par la présente, des résultats de la découverte d'un agronome très-instruit nommé Bickes, bien connu et respecté à Bruxelles et à Mayence, qui a été introduit chez moi le 21 juin, par un négociant très-connu dans le monde mercantile de la cité de Londres. — Ce jour, M. Bickes est venu avec son domestique et a apporté les semences, qui ont été ensemencées dans l'ordre suivant : Un champ de qualité très-inférieure, point engraissé, ensemencé avec du sarrasin, du lin, navets, vesces, colza et pommes de terre. — Le sarrasin et le lin sont très-abondants, et ont mûri malgré le temps froid. Les navets sont bons pour la saison ; les vesces ont été mangées par les lapins ; le colza aurait fourni un rendement extraordinaire, s'il avait été bien cultivé, et les pommes de terre, comparées avec d'autres, ont montré évidemment la propriété fertilisante de la préparation de M. Bickes.

Le tout se trouve près de la maison de mon garde forestier et mérite bien l'attention des fermiers.

Calcot Park, 24 septembre 1845.

Signé, READING, BLAGRAVE.

N° 10.

JOURNAL DE FRANCFORT.

Jeudi passé, il s'est assemblé par ordre du ministère de l'intérieur, une commission des membres de la Société d'agriculture, sous la présidence du président baron de Lichtenberg, pour procéder à une expertise sur les blés, fourrages et autres plantes cultivées par le système, *sans engrais,* de M. Bickes. Cette expertise a eu ce résultat : *que les produits obtenus sur du sable du Rhin dépassent en grosseur, force, quantité et vigueur, ceux que pourrait produire le meilleur sol fumé.*

Jamais le premier terrain de notre banlieue n'a produit un tel rendement.

Administration ducale de Dalberg,
Signé : B. ENGELHART.

C'est presque le double du produit en terre première classe.

N° 11.

Le conseiller Neydeck, directeur du jardin des plantes et chef-administrateur des domaines de la grande-duchesse Stéphanie de Bade, a écrit la lettre suivante à M. Bickes, le 12 septembre 1844.

« J'ai reçu votre honorée et j'ai parlé sur le contenu à Madame la grande-duchesse Stéphanie de Baden, qui m'a chargé de me rendre chez vous, pour voir vos plantations et avoir quelques renseignements.

» Je regrette beaucoup de vous avoir trouvé absent ; mais M. S... a eu la complaisance de me faire quelques communications sur votre découverte précieuse ; je suis fâché de n'avoir pas pu voir vos plantes conservées (séchées). — J'étais trop pressé pour voir toutes vos plantations ; cependant j'en ai toujours vu quelque chose.

» Chez M. Hock, j'ai trouvé de l'orge à la seconde pousse ; les premiers épis étaient déjà mûrs et coupés, et j'ai trouvé à une plante 27 nouveaux épis vigoureux.

» M. Hock m'a parlé d'une plantation que vous avez à la campagne de M. Merz. Je connais cette propriété depuis vingt ans, et j'étais d'autant plus curieux d'y voir vos expériences, sachant combien ce sol est improductif.

» M. Merz m'a montré le champ sur lequel l'orge à six lignes m'a beaucoup surpris par ses épis chargés et vigoureux : je n'en ai pas vu d'aussi parfait dans le premier sol. — L'orge à deux lignes, l'avoine, le maïs, les pommes de terre, sont aussi beaux que sur les autres champs en bonne culture. Personne n'osera essayer de produire dans ce sable mouvant, s'il n'a pas une grande quantité de fumier à sa disposition.

Ce qui donne encore à votre découverte plus de mérite, c'est qu'elle peut être exécutée avec des frais minimes, *et que votre procédé n'épuise pas la terre : cela peut être prouvé sur ce champ,* car dans ce sol il ne se trouve pas un atome de nourriture : autrement on devrait au moins y trouver l'*Agrotis minima*, ou quelque autre plante qui aime le sable, y végéter. Cela montre clairement que vos plantes sont rendues propres à attirer plus de nourriture de l'atmosphère. C'est par cette raison, je pense, que vos plantes montreront encore plus de vigueur, s'il n'y en a pas de non préparées trop près.

» Hier j'ai fait verbalement mon rapport à Son Altesse Royale la grande-duchesse Stéphanie, à Baden, qui m'a chargé de signer dans votre souscription pour ses domaines.

» Signé : NEYDECK. »

N° 12.

Extrait de deux lettres de M. REITHOFER, *cité plus haut, que, dans ses écrits économiques, le conseiller de cour,* ANDRÉ, *qualifie de* premier cultivateur de la Moravie.

J'ai vu le seigle provenant de votre semence préparée (deux jocharts de terrain sablonneux et pierreux à Hollenburg près de Saint-Polten), et l'ai trouvé dans un état si prospère que j'ai demandé une commission d'office de l'endroit, afin de le visiter et d'en constater l'état, en tant que la chose pouvait se faire et que la récolte était encore sur pied. La déclaration de ces experts porte ce qui suit :

« Que le seigle venant de votre semence préparée est non-seulement plus élevé et porte des épis plus forts avec des grains mieux fournis que celui d'à côté et venant de semence non préparée, encore qu'il ait été semé sur un terrain de pareille valeur, mais aussi plus grand et plus riche que celui du reste du finage. »

« Les résultats étaient, ainsi que je l'ai vu moi-même, presque incroyables, et tels que, de près et de loin, les admirateurs accoururent en foule. Il y en eut même de Vienne et des principaux intéressés de la Société agricole de ce lieu. »

N° 13.

Requis de constater l'état des plantes du jardin de M. NEUSTETEL, cultivées selon l'invention de M. BICKES, les soussignés y ont procédé ainsi qu'il suit, en présence du sieur RAUSCH, jardinier :

1° Sur neuf tiges de maïs, une était garnie de 7 épis, trois de 3, deux de 2 et trois de 1; toutes avaient d'autres épis aussi vigoureux que les premiers, mais moins avancés, et le tout présentait le plus bel aspect.

2° Les pommes de terre étaient de beaucoup plus belles que celles d'à côté, plantées sans préparation. Les premières étaient plus grosses, d'un volume plus égal et en même temps plus productives.

3° Les tournesols avaient une hauteur extraordinaire, avec des tiges de 7 $^1/_2$ pouces de contour.

La terre où se trouvaient ces plantes n'avait pas été fumée. De tout quoi nous avons délivré la présente attestation pour rendre hommage à la vérité.

Signé : JÉRÉMIE GEISSELBRECHT, juge rural; GEORGE NAGEL, juge rural; JEAN MULLER, économe; J. W. NEUSTETEL, propriétaire; EMILE IHME, économe, présentement fabricant; RAUSCH, jardinier; PFALZ, propriétaire de biens fonds.

Légalisé l'attestation ci-dessus:

SCHWANER, bourgmestre.

N° 14.

Les soussignés (secrétaire et membres de l'Union rhénane des naturalistes et des médecins) ont vu, au désir de M. Bickes, un grand nombre de plantes qu'il a cultivées, ainsi déclaré par lui, avec la semence préparée d'après sa méthode, dans un mauvais terrain sablonneux et sans engrais, ce qui a été reconnu par les parcelles de terre attachées aux plantes, et ne peuvent qu'exprimer leur étonnement de leur croissance abondante et énergique, comme aussi de la quantité des grains qu'elles renfermaient. Ce sont surtout les céréales qui ont excité leur admiration, puisqu'ils en ont vu de 25 à 50 tuyaux d'une grande longueur provenant d'une seule racine, et avec des épis plus beaux que d'ordinaire et fournis de grains nombreux et complets. Ce qui a pu les surprendre d'autant plus que dans cette année de sécheresse les céréales n'ont que peu réussi et ont réellement manqué.

Signé : F. L. SCHLIPPE, A. V. BUCHNER, le docteur RUCKEISSEN; M. Dr. GERGENS, secrétaire de la Société rhénane des naturalistes et professeurs d'histoire naturelle.

OUTRE UNE FABRIQUE EN PLEINE ACTIVITÉ

POUR LA PRÉPARATION DES ENGRAIS,

il est établi *rue St-Étienne, 15, boulevart Bonne-Nouvelle*, à Paris, une administration à laquelle on doit s'adresser, pour obtenir la préparation à appliquer aux grains de toute espèce, aux fourrages et aux pommes de terre, ainsi que des graines préparées, pour les légumes et les fleurs cultivées dans nos jardins. L'administration livrera la préparation avec une instruction et la manière de les employer, aux personnes qui en feront la demande accompagnée d'un mandat pour le payement.

Nous joignons à cette brochure les prix des préparations, pour donner à nos lecteurs le moyen de s'en procurer.

PRIX DES SUBSTANCES.

Poids des subst.	Matières sèches pour la préparation.		Prix. fr.	c.
5 k.	Blé, seigle, orge, avoine, sarrasin, etc..	p. 1 hect.	15	»
5	Pois, haricots, vesces, fèves et lentilles..	id.	15	»
5	Sainfoin...........................	id.	15	»
5	Lin, chanvre, madiasaliva............	id.	20	»
6	Vignes pour 600 pieds...............	1 paquet	20	»
2	Arbres fruitiers (1)..................	id.	5	»
2	— forestiers, pour semailles......	id.	5	»
2	— — bitumeux..........	id.	5	»
	Plantes ligneuses à fleurs (2).........	id.	5	»
	Fleurs herbacées.....................	id.	5	»
	Choux..............................	id.	3	»
	Laitues.............................	id.	3	»
	Pomme de terre.....................	1 hect.	3	»
	Semences préparées, y compris la semence.			
	Maïs...............................	1 litre.	3	»
	Betteraves..........................	id.	8	»
	navets, turneps, etc..........	id.	10	»
	Carottes............................	1 paquet	2	»
	Choux..............................	id.	2	»
	Radis, raiforts, etc..................	id.	2	»
	Oignons............................	id.	2	»
	Pois nains, ruelle, clamart, knight, etc.	1 litre.	3	»
	Haricots nains de Belgique, hâtif, etc..	id.	3	»
	Céleri et panais.....................	1 paquet	2	»
	carottes.....................	id.	2	»
	ray-gras.....................	1/2 hect.	15	»
	Cresson de Provence.................	1 kilog.	5	50
	Trèfle blanc........................	id.	2	50
	— ordinaire.....................	id.	2	25
	— incarnat......................	id.	2	»

(1) L'instruction donne l'explication suivant les grandeurs.
(2) L'instruction en explique la proportion.

Les semences non mentionnées ci-dessus sont livrées à des prix modiques. — On se charge également de l'achat et de la préparation de toutes semences.

L'emballage est compté pour un litre et au-dessous. 25 c., 2 lit. 30 c., 3 à 4 lit. 35 c., 5 lit. 40 c., 6 lit. 45 c., 7 à 8 lit. 50 c., 9 lit. 55 c., 10 lit. 60 c., 50 lit., 1 fr. 10 c.; 1 hectolit., 1 fr. 60 c.

A toute commande, le montant du prix doit être joint franc de port.

Il n'est pas expédié moins de semences préparées que pour le montant de chaque article et d'un total au moins de 5 francs.

MM. les commettants des petites localités sont priés d'indiquer la station des messageries ou du chemin de fer ou toute autre voie qu'ils désirent employer pour l'expédition. Ils sont priés spécialement de vouloir dire sur le sol : s'il est sablonneux, calcaire ou argileux (terre glaise).

Pour l'application des matières sèches, on trouve l'instruction sur chaque paquet. Il en est fait une dissolution dans une certaine quantité d'eau dont les graines sont imprégnées. Avec un peu d'exactitude, on ne peut manquer l'opération.

L'administration fait des dispositions pour avoir des agents correspondants dans tous les départements, auxquels elle alloue une commission de 10 % sur les commandes qu'ils adresseront.

Les journaux des diverses localités donneront les noms des agents, afin que MM. les agriculteurs puissent s'adresser à eux pour économiser les frais de transport.

Les personnes qui désireraient représenter l'administration peuvent en faire la demande.

PARIS. — IMPRIMERIE DE NAPOLÉON CHAIX ET Cie, RUE BERGÈRE, 8.

www.ingramcontent.com/pod-product-compliance
Ingram Content Group UK Ltd.
Pitfield, Milton Keynes, MK11 3LW, UK
UKHW021131230726
13926UKWH00002B/722